PARTHIBAN A.
PUGAZHENTHI R.
AJITH ARUL DANIEL

Modelagem de parâmetro de corte a laser CO2 para aço inoxidável AISI 316

PARTHIBAN A.
PUGAZHENTHI R.
AJITH ARUL DANIEL

Modelagem de parâmetro de corte a laser CO2 para aço inoxidável AISI 316

Corte a laser CO2 em chapa de aço inoxidável AISI 316

ScienciaScripts

Imprint

Any brand names and product names mentioned in this book are subject to trademark, brand or patent protection and are trademarks or registered trademarks of their respective holders. The use of brand names, product names, common names, trade names, product descriptions etc. even without a particular marking in this work is in no way to be construed to mean that such names may be regarded as unrestricted in respect of trademark and brand protection legislation and could thus be used by anyone.

Cover image: www.ingimage.com

This book is a translation from the original published under ISBN 978-620-6-78377-0.

Publisher:
Sciencia Scripts
is a trademark of
Dodo Books Indian Ocean Ltd. and OmniScriptum S.R.L publishing group

120 High Road, East Finchley, London, N2 9ED, United Kingdom
Str. Armeneasca 28/1, office 1, Chisinau MD-2012, Republic of Moldova, Europe
Printed at: see last page
ISBN: 978-620-6-52000-9

MODELAÇÃO DO PARÂMETRO DE CORTE LASER CO_2 PARA CHAPA DE AÇO INOXIDÁVEL AISI 316

Dr. A. PARTHIBAN

Dr. R. PUGAZHENTHI

Dr. AJITH ARUL DANIEL

Departamento de Engenharia

Instituto Vels de Ciência, Tecnologia e Estudos Avançados

Chennai - 600117, Índia

ÍNDICE

PREÂMBULO

Este livro é muito útil para aqueles que estão focados no processo de corte a laser no aço inoxidável. Este livro é constituído por chapas de aço inoxidável amplamente utilizadas na indústria automóvel para aplicações específicas. O corte por feixe de laser de co2 é um dos processos de corte de chapas mais talentosos para cortar chapas de perfil reto e curvo. A largura do corte a laser e a qualidade das arestas de corte são afectadas principalmente pela potência do laser, pela velocidade de corte e pela pressão do gás. O objetivo deste trabalho é melhorar a qualidade das arestas de corte do material AISI316 Largura do corte superior, largura do corte inferior, relação entre eles e também a análise dos parâmetros de corte realizada neste trabalho e o mesmo é oferecido. A relação entre os parâmetros de corte e os modelos de dimensões de corte é optimizada. Finalmente, é proposto o melhor parâmetro para a operação de corte a laser.

Autores

CAPÍTULO 1

1. <u>INTRODUÇÃO</u>

O corte a laser é um processo de fabrico popular utilizado para cortar vários tipos de materiais de forma económica. A largura do corte a laser, a qualidade das arestas cortadas e o custo operacional são afectados pela potência do laser, pela velocidade de corte, pela pressão do gás de assistência, pelo diâmetro do bocal e pela posição do ponto de focagem, bem como pelo material da peça de trabalho. Neste trabalho, foi investigado o corte a laser CO_2 de aço inoxidável de qualidade médica AISI316L. O desenho da experiência (DOE) foi implementado através da aplicação do desenho Box-Behnken para desenvolver o esquema da experiência.

O objetivo deste trabalho é relacionar os parâmetros de qualidade da aresta de corte, nomeadamente: corte superior, corte inferior, relação entre eles, rugosidade da secção de corte e custo operacional com os parâmetros de processo acima mencionados. Foram desenvolvidos modelos matemáticos para determinar a relação entre os parâmetros do processo e as características de qualidade das arestas. Além disso, foram definidos os efeitos dos parâmetros do processo sobre as características de qualidade. Finalmente, foram encontradas as condições óptimas de corte a laser que permitem obter a melhor qualidade ou o menor custo.

1.1 LASER

4

Um laser é um dispositivo que emite luz através de um processo de amplificação ótica baseado na emissão estimulada de radiação electromagnética. O termo "laser" surgiu como um acrónimo de "amplificação da luz por emissão estimulada de radiação". Os lasers diferem de outras fontes de luz porque emitem luz de forma coerente. A coerência espacial permite que um laser seja focado num ponto apertado, possibilitando aplicações como o corte a laser e a litografia. A coerência espacial também permite que um feixe laser se mantenha estreito a longas distâncias (colimação), possibilitando aplicações como os ponteiros laser. Os lasers podem também ter uma coerência temporal elevada, o que lhes permite ter um espetro muito estreito, ou seja, emitem apenas uma única cor de luz. A coerência temporal pode ser utilizada para produzir impulsos de luz tão curtos como um femtossegundo.

1.2 PROCESSO

A geração do feixe de laser envolve a estimulação de um material de iluminação através de descargas eléctricas ou lâmpadas dentro de um recipiente fechado. À medida que o material de iluminação é estimulado, o feixe é refletido internamente por meio de um espelho parcial, até atingir energia suficiente para sair como um fluxo de luz monocromática coerente. Normalmente, são utilizados espelhos ou fibras ópticas para direcionar a luz coerente para uma lente, que foca a luz na zona de trabalho. A parte mais estreita do feixe focado é geralmente inferior a 0,32 mm (0,0125 polegadas) de diâmetro; dependendo da espessura do material, são possíveis larguras de corte tão pequenas como 0,10 mm (0,004 polegadas).

1.3 TIPOS DE LASER

- ➢ Lasers de gás

- ➢ Laser químico

- ➢ Excimer laser

- ➢ Lasers de estado sólido

- ➢ Lasers de electrões livres

- ➢ Lasers de cristais fotónicos

- ➢ Lasers de semicondutores

- ➢ Lasers de corante

- ➢ Lasers de fibra

1.3.1 LASERS DE GÁS

Após a invenção do laser de gás HeNe, verificou-se que muitas outras descargas de gás amplificam a luz de forma coerente. Os lasers de gás que utilizam muitos gases diferentes foram construídos e utilizados para muitos fins. O laser de hélio-néon (He-Ne) pode funcionar em vários comprimentos de onda diferentes, mas a grande maioria foi concebida para funcionar a 633 nm; estes lasers de custo relativamente baixo, mas altamente coerentes, são extremamente comuns nos laboratórios de investigação ótica e de ensino.

1.3.2 LASERS QUÍMICOS

Os lasers químicos são alimentados por uma reação química que permite a libertação rápida de uma grande quantidade de energia. Estes lasers de potência muito elevada são especialmente interessantes para o sector militar; no entanto, foram desenvolvidos lasers químicos de onda contínua com níveis de potência muito elevados, alimentados por fluxos de gases, que têm algumas aplicações industriais.

1.3.3 LASERS DE EXCÍMERO:

Os lasers de excímero são um tipo especial de laser de gás alimentado por uma descarga eléctrica em que o meio de iluminação é um excímero, ou mais precisamente um exciplex nos modelos existentes. Trata-se de moléculas que só podem existir com um átomo num estado eletrónico excitado. Assim, quando a molécula transfere a sua energia de excitação para um fotão, os seus átomos deixam de estar ligados uns aos outros e a molécula desintegra-se. Este facto reduz drasticamente a população do estado de menor energia, facilitando assim a inversão da população. Os excímeros atualmente utilizados são todos compostos de gases nobres; os gases nobres são quimicamente inertes e só podem formar compostos quando se encontram num estado excitado.

1.3.4 LASERS DE ESTADO SÓLIDO

Os lasers de estado sólido utilizam uma barra cristalina ou de vidro que é "dopada" com iões que fornecem os estados de energia necessários. Por exemplo, o primeiro laser funcional foi um laser de rubi, feito de rubi (corindo dopado com crómio). A inversão de população é, na verdade, mantida no "dopante", como o crómio ou o neodímio.

1.3.5 LASERS DE FIBRA

Os lasers de estado sólido ou os amplificadores laser em que a luz é guiada devido à reflexão interna total numa fibra ótica monomodo são designados por lasers de fibra. O guiamento da luz permite regiões de ganho extremamente longas, proporcionando boas condições de arrefecimento; as fibras têm uma elevada relação área superficial/volume, o que permite um arrefecimento eficiente. Além disso, as propriedades de orientação das ondas da fibra tendem a reduzir a distorção térmica do feixe. Os iões de érbio e de itérbio são espécies activas comuns neste tipo de lasers.

1.3.6 LASERS DE CRISTAIS FOTÓNICOS

Os lasers de cristais fotónicos são lasers baseados em nanoestruturas que proporcionam o confinamento de modos e a estrutura de densidade de estados ópticos (DOS) necessários para que a realimentação ocorra. São tipicamente de dimensão micrométrica e sintonizáveis nas bandas dos cristais fotónicos.

1.3.7 LASERS DE SEMICONDUTORES

Um díodo laser comercial de 5,6 mm de "lata fechada", provavelmente de um leitor de CD ou DVD. Os lasers de semicondutores são díodos que são bombeados eletricamente. A recombinação de electrões e buracos criada pela corrente aplicada introduz um ganho ótico. A reflexão a partir das extremidades do cristal forma um ressoador ótico, embora o ressoador possa ser externo ao semicondutor em alguns modelos.

1.3.8 LASERS DE CORANTE

Os lasers de corante utilizam um corante orgânico como meio de ganho. O vasto espetro de ganho dos corantes disponíveis, ou das misturas de corantes, permite que estes lasers sejam altamente sintonizáveis ou produzam impulsos de duração muito curta (da ordem de alguns femtossegundos). Embora estes lasers sintonizáveis sejam sobretudo conhecidos na sua forma líquida, os investigadores demonstraram também uma emissão sintonizável de largura de linha estreita em configurações de osciladores dispersivos que incorporam meios de ganho de corantes no estado sólido. Na sua forma mais predominante, estes lasers de corantes de estado sólido utilizam polímeros dopados com corantes como meios laser.

1.3.9 LASER DE DIÓXIDO DE CARBONO:

O laser de dióxido de carbono (laser CO_2) foi um dos primeiros lasers de gás a ser desenvolvido (inventado por Kumar Patel dos Bell Labs em 1964) e continua a ser um dos mais úteis. Os lasers de dióxido de carbono são os lasers de onda contínua de maior potência atualmente disponíveis. São também bastante eficientes: o rácio entre a potência de saída e a potência da bomba pode atingir os 20%. O laser de CO_2 produz um feixe de luz infravermelha com as principais bandas de comprimento de onda centradas em torno dos 9,4 e 10,6 micrómetros.

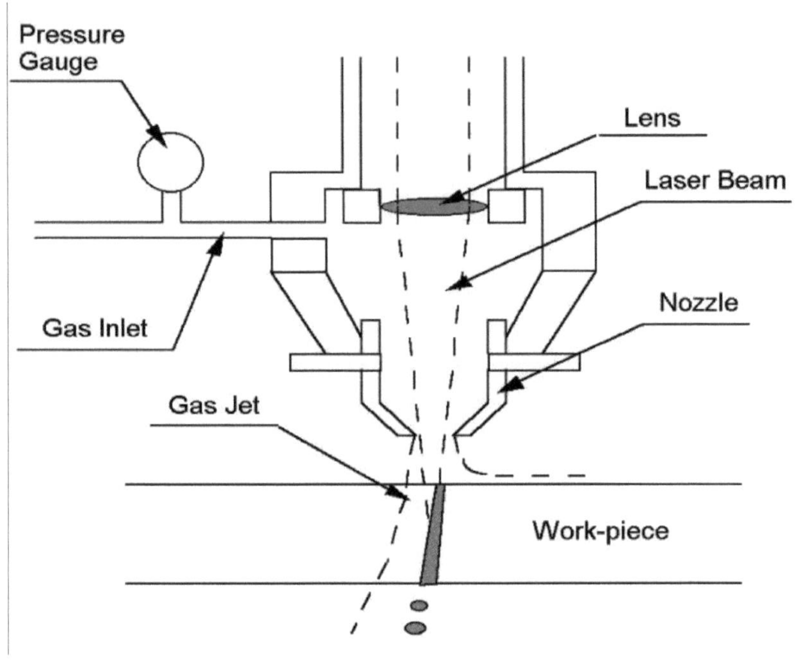

Figura 1: Laser de dióxido de carbono

1.3.10 LASERS DE ELECTRÕES LIVRES

Os lasers de electrões livres, ou fels, geram radiação coerente e de alta potência, amplamente sintonizável, variando atualmente em comprimento de onda desde as micro-ondas, passando pela radiação terahertz e infravermelhos, até ao espetro visível e aos

10

raios X suaves. Têm a gama de frequências mais alargada de todos os tipos de laser. Embora os feixes de feltro partilhem as mesmas características ópticas que os outros lasers, como a radiação coerente, o seu funcionamento é bastante diferente. Ao contrário dos lasers de gás, líquidos ou de estado sólido, que se baseiam em estados atómicos ou moleculares ligados, os fel utilizam um feixe de electrões relativistas como meio de laser, daí o termo eletrão livre.

1.4 APLICAÇÕES DO LASER

- ➢ Leitores de DVD

- ➢ Impressoras laser

- ➢ Scanners de códigos de barras

- ➢ Cirurgia a laser e vários tratamentos de pele

- ➢ Indústria de materiais de corte e soldadura

- ➢ Dispositivos militares e de aplicação da lei para marcar alvos e medir o alcance e a velocidade

- ➢ Aplicações na investigação científica

1.5 CORTE A LASER

O corte a laser é uma tecnologia que utiliza um laser para cortar materiais e é normalmente utilizada em aplicações de fabrico industrial, mas também começa a ser utilizada por escolas, pequenas empresas e amadores. O corte a laser funciona dirigindo a saída de um laser de alta potência por computador para o material a cortar. O material derrete, queima, vaporiza ou é soprado por um jato de gás, deixando uma aresta com um acabamento superficial de alta qualidade. Os cortadores a laser industriais são utilizados para cortar material de folha plana, bem como materiais estruturais e de tubagem.

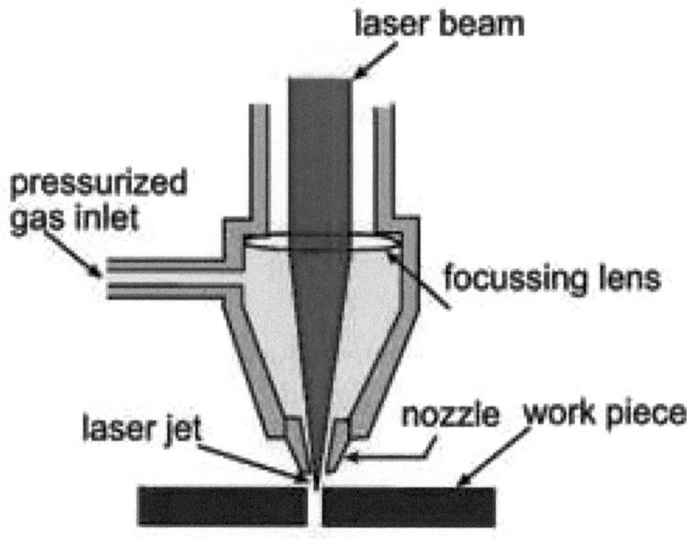

Figura 2: Corte a laser

1.6 TIPOS DE LASERS UTILIZADOS NO CORTE A LASER:

- CO_2 laser
- Laser de Nd
- Laser Nd -YAG

Os lasers CO_2 são utilizados para o corte industrial de muitos materiais, incluindo aço macio, alumínio, aço inoxidável, titânio, papel, cera, plásticos, madeira e tecidos. Os lasers YAG são utilizados principalmente para cortar e riscar metais e cerâmicas.

1.7 DIFERENTES MÉTODOS DE CORTE COM LASER:

- ➢ Corte por vaporização
- ➢ Fissuração por tensão térmica
- ➢ Corte furtivo de bolachas de silício
- ➢ Corte reativo

1.8 TOLERÂNCIAS E ACABAMENTO DE SUPERFÍCIE:

As novas máquinas de corte a laser têm uma precisão de posicionamento de 10 micrómetros e uma repetibilidade de 5 micrómetros. A rugosidade padrão Rz aumenta com a espessura da chapa, mas diminui com a potência do laser e a velocidade de corte. Ao cortar aço de baixo carbono com uma potência laser de 800 W, a rugosidade padrão Rz é de 10 µm para uma espessura de chapa de 1 mm, 20 µm para 3 mm e 25 µm para 6 mm.

$$Rz = 12.528 \cdot (S^{0.542})/((P^{0.528}) \cdot (V^{0.322})),$$

em que: S = espessura da chapa de aço em mm; P = potência laser em kW (alguns cortadores laser novos têm uma potência laser de 4 kW); V = velocidade de corte em metros por minuto.

1.9 MATERIAL

Estamos a utilizar o aço inoxidável 316 como material para o nosso projeto. A espessura da chapa é de 1,6 e 2,5 mm.

1.9.1 AÇO INOXIDÁVEL

Na metalurgia, o aço inoxidável, também conhecido como aço inox ou inox do francês "in oxydable", é uma liga de aço com um teor mínimo de 10,5% de crómio em massa. O aço inoxidável não corrói, enferruja ou mancha facilmente com a água, como acontece com o aço normal, mas, apesar do nome, não é totalmente à prova de manchas, sobretudo em ambientes com baixo teor de oxigénio, elevada salinidade ou fraca circulação. Existem diferentes graus e acabamentos de superfície de aço inoxidável para se adaptarem ao ambiente que a liga deve suportar. O aço inoxidável é utilizado quando são necessárias as propriedades do aço e a resistência à corrosão.

1.10 PROPRIEDADES DO AÇO INOXIDÁVEL:

- ➢ Oxidação

- ➢ Ácidos

- ➢ Bases

- ➢ Produtos orgânicos

- ➢ Eletricidade e magnetismo

1.10.1 OXIDAÇÃO

A elevada resistência à oxidação no ar à temperatura ambiente é normalmente conseguida com a adição de um mínimo de 13% (em peso) de crómio, sendo utilizados até 26% para ambientes agressivos. O crómio forma uma camada de passivação de óxido de crómio (III) (Cr O_{23}) quando exposto ao oxigénio. A camada é demasiado fina para ser visível e o metal permanece brilhante e liso. A camada é impermeável à água e ao ar, protegendo o metal que se encontra por baixo, e esta camada reforma-se rapidamente quando a superfície é riscada. Este fenómeno é designado por passivação e é observado noutros metais, como o alumínio e o titânio. A resistência à corrosão pode ser afetada negativamente se o componente for utilizado num ambiente não oxigenado, sendo um exemplo típico os parafusos de quilha subaquáticos enterrados em madeira.

1.10.2 ÁCIDOS

O aço inoxidável é geralmente muito resistente ao ataque de ácidos, mas esta qualidade depende do tipo e da concentração do ácido, da temperatura ambiente e do tipo de aço. O tipo 304 é resistente ao ácido sulfúrico à temperatura ambiente, mesmo em concentrações elevadas, mas os tipos 316 e 317 só são resistentes em concentrações baixas. Todos os tipos de aço inoxidável resistem ao ataque do ácido fosfórico, sendo o 316 e o 317 mais resistentes do que o 304; e os tipos 304L e 430 foram utilizados com sucesso com ácido nítrico. O ácido clorídrico danifica qualquer tipo de aço inoxidável e deve ser evitado.

1.10.3 BASES

A série 300 de tipos de aço inoxidável não é afetada por nenhuma das bases fracas, como o hidróxido de amónio, mesmo em concentrações elevadas e a altas temperaturas. Os mesmos tipos de aço inoxidável expostos a bases mais fortes, como o hidróxido de sódio, em concentrações elevadas e a altas temperaturas, irão provavelmente sofrer alguma corrosão e fissuração, especialmente com soluções que contêm cloretos.

1.10.4 PRODUTOS ORGÂNICOS

Os tipos 316 e 317 são ambos úteis para armazenar e manusear ácido acético, especialmente em soluções em que este é combinado com ácido fórmico e quando não existe arejamento (o oxigénio ajuda a proteger o aço inoxidável nestas condições), embora o 317 ofereça o maior nível de resistência à corrosão. O tipo 304 também é normalmente utilizado com ácido fórmico, embora tenha tendência para descolorir a solução. Todos os tipos resistem aos danos causados por aldeídos e aminas, embora neste último caso o tipo 316 seja preferível ao 304; o acetato de celulose danifica o 304, a menos que a temperatura seja mantida baixa. As gorduras e os ácidos gordos só afectam o tipo 304 a temperaturas superiores a 150 °C (302 °F) e o tipo 316 a temperaturas superiores a 260 °C (500 °F), enquanto o tipo 317 não é afetado a todas as temperaturas. O tipo 316L é necessário para o processamento de ureia.

1.10.5 ELECTRICIDADE E MAGNETISMO

Tal como o aço, o aço inoxidável é um condutor de eletricidade relativamente fraco, com apenas alguns por cento da condutividade eléctrica do cobre. Os aços inoxidáveis ferríticos e martensíticos são magnéticos. Os aços inoxidáveis austeníticos não são magnéticos.

1.11 APLICAÇÕES DO AÇO INOXIDÁVEL

> Ferragens para uso doméstico

> Instrumentos cirúrgicos

> Equipamentos industriais (refinarias de açúcar)

> Liga estrutural para o sector automóvel e aeroespacial

> Material de construção em grandes edifícios

> Cisternas de armazenamento e camiões-cisterna utilizados para o transporte de sumo de laranja

> Cozinhas comerciais

> Fábricas de transformação de alimentos

> Jóias e relógios

1.12 RECICLAGEM E REUTILIZAÇÃO DE AÇO INOXIDÁVEL:

O aço inoxidável é 100% reciclável. Um objeto médio de aço inoxidável é composto por cerca de 60% de material reciclado, dos quais aproximadamente 40% são provenientes de produtos em fim de vida e cerca de 60% são provenientes de processos de fabrico. De acordo com o relatório do International Resource Panel's Metal Stocks in Society, o stock per capita de aço inoxidável em uso na sociedade é de 80-180 kg nos países mais desenvolvidos e de 15 kg nos países menos desenvolvidos. Existe um mercado secundário que recicla sucata utilizável para muitos mercados de aço inoxidável.

O produto consiste essencialmente em bobinas, chapas e espaços em branco. Este material é adquirido a um preço inferior ao de primeira qualidade e vendido a estamparias e casas de chapa de qualidade comercial. O material pode apresentar riscos, buracos e amolgadelas, mas é fabricado de acordo com as especificações actuais.

1.13 QUALIDADE DO FEIXE LASER

Em ciência laser, a qualidade do feixe laser define aspectos do padrão de iluminação do feixe e os méritos das propriedades de propagação e transformação de um determinado feixe laser (critério de largura de banda espacial). Observando e registando o padrão do feixe, por exemplo, é possível inferir as propriedades do modo espacial do feixe e se o feixe está ou não a ser cortado por uma obstrução; focando o feixe laser com uma lente e medindo o tamanho mínimo do ponto, o número de vezes que o limite de difração ou a qualidade da focagem podem ser calculados.

Existem algumas limitações ao parâmetro M^2 como simples métrica de qualidade. Pode ser difícil de medir com precisão e factores como o ruído de fundo podem criar grandes erros em M^2. Os feixes com potência nas "caudas" da distribuição têm M^2 muito maior do que seria de esperar. Em teoria, um feixe de laser tophat idealizado tem M^2 infinito, embora isto não seja verdade para qualquer feixe tophat fisicamente realizável. Para um feixe de Bessel puro, nem sequer é possível calcular M^2.

A definição de "qualidade" também depende da aplicação. Enquanto um feixe Gaussiano monomodo de alta qualidade (M^2 próximo da unidade) é ótimo para muitas aplicações, para outras aplicações é necessária uma distribuição uniforme da intensidade do feixe multimodo tophat. Um exemplo é a cirurgia a laser.

A potência no balde e o rácio Strehl são duas outras tentativas de definir a qualidade do feixe. Ambos os métodos utilizam um perfilador de feixe laser para medir a potência fornecida a uma determinada área. Também não existe uma conversão simples entre M^2, power-in-the-bucket e rácio Strehl.

1,14 LARGURA DO CORTE

A largura da fenda de corte representa a quantidade de material fundido durante o corte e está correlacionada com o tamanho do ponto focado. Uma pequena largura de corte pode ser vantajosa quando se pretende fazer pequenos detalhes, como por exemplo, ao cortar cantos afiados. A largura da fenda de corte depende principalmente do tamanho do ponto focalizado. O tamanho do ponto de focagem é determinado pela qualidade do feixe laser e pela ótica de focagem.

1.15 LARGURA DA ZONA AFECTADA PELO CALOR (HAZ):

O calor térmico do corte a laser produz uma zona afetada pelo calor (ZTA) junto à aresta de corte. A zona afetada pelo calor é a parte do material cuja estrutura metalúrgica é afetada pelo calor mas não é fundida. A variação microestrutural na zona afetada pelo calor é uma das características que determinam a qualidade do corte a laser. A largura da ZTA aumenta à medida que a energia introduzida por unidade de comprimento e a espessura do corte aumentam. A largura da ZTA é importante quando os cortes têm de ser efectuados perto de componentes sensíveis ao calor.

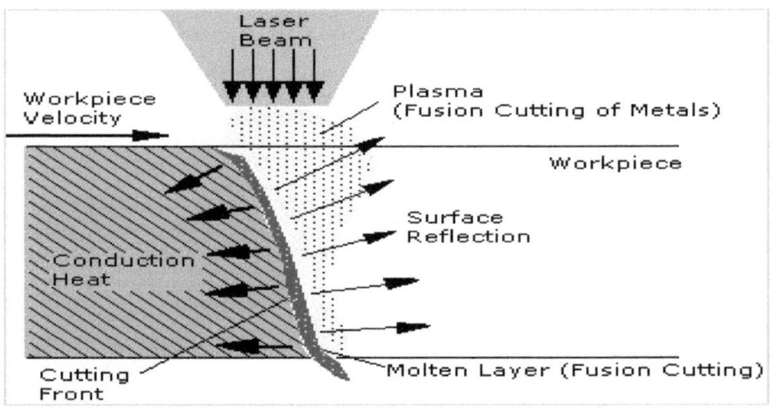

Figura 3: Efeitos durante o corte a laser

1.16 MEDIÇÃO DA LARGURA DO CORTE

As imagens digitais dos cortes foram obtidas com um microscópio Leica M25 e uma câmara digital Canon S40. A câmara digital Canon S40 foi utilizada para tirar estas fotografias através do microscópio Leica M25, cuja ocular estava ligada à objetiva da câmara digital. A iluminação e a ampliação foram variadas para cada espessura de material, de modo a obter fotografias nítidas dos cortes superior e inferior nos pontos de início e fim de cada ranhura de corte.

As medições da largura do corte foram feitas em quatro posições A, B, C e D, como mostra a figura 44 abaixo, e o valor médio destas medições foi registado como a largura do corte deste corte. A largura do corte variou ao longo do comprimento do corte e as medições foram efectuadas nas posições inicial (fim do corte) e final (início do corte) do corte. Foram medidas as larguras de corte das superfícies superior e inferior.

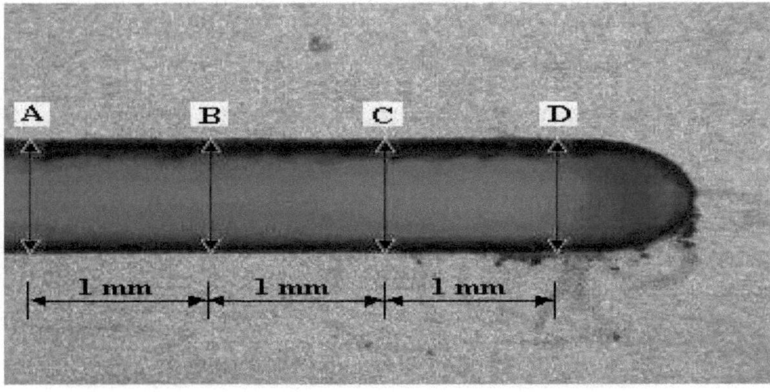

Figura 4: Posições A, B, C e D de medição da largura do cordão

21

1.17 MEDIÇÃO DA PERPENDICULARIDADE

Após as medições da largura do corte, a peça de trabalho foi cortada para revelar a secção transversal do corte, mostrando a variação da largura do corte de cima para baixo. A superfície da secção transversal cortada foi lixada e polida e foram feitas fotografias digitais da secção transversal cortada. As várias formas dos cortes observados são mostradas na figura.

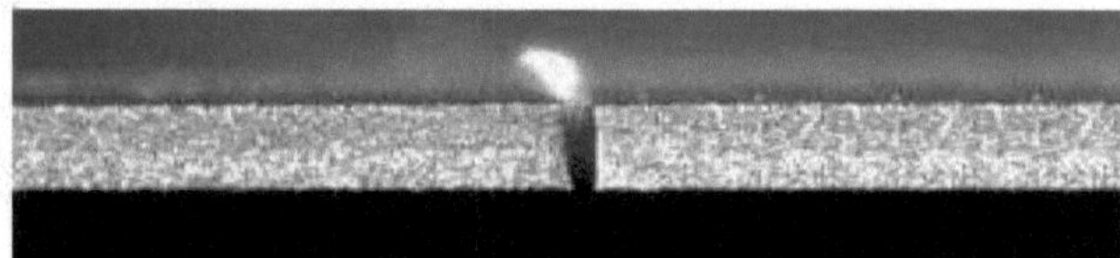

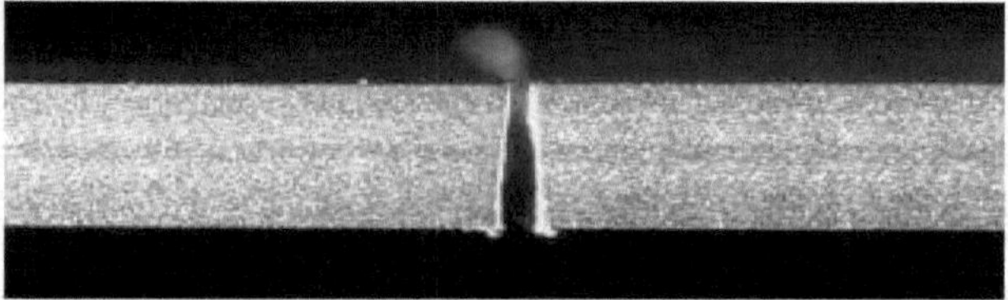

Fig. 5. Medição da perpendicularidade do corte

1.18 CONCEPÇÃO DA CAIXA DE CARTÃO

Em estatística, os modelos Box-Behnken são modelos experimentais para a metodologia da superfície de resposta, concebidos por George E. P. Box e Donald Behnken em 1960, para atingir os seguintes objectivos

- Cada fator, ou variável independente, é colocado num de três valores igualmente espaçados, normalmente codificados como -1, 0, + 1. (São necessários pelo menos três níveis para o objetivo seguinte).

- O desenho deve ser suficiente para ajustar um modelo quadrático, ou seja, um modelo que contenha termos quadrados e produtos de dois factores.

- O rácio entre o número de pontos experimentais e o número de coeficientes do modelo quadrático deve ser razoável (de facto, as suas concepções mantiveram-no no intervalo de 1,5 a 2,6).

- A variância da estimativa deve depender mais ou menos apenas da distância ao centro (isto é conseguido exatamente para os desenhos com 4 e 7 factores), e não deve variar demasiado dentro do (hiper)cubo mais pequeno que contém os pontos experimentais. (Ver "rotacionalidade" em "Comparações de desenhos de superfície de resposta").

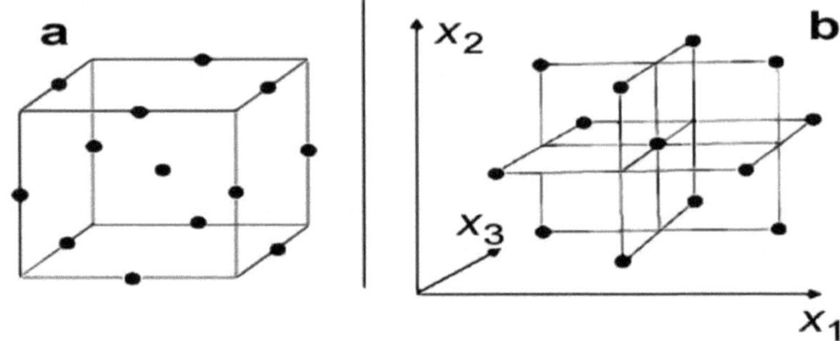

Fig. 6. Comparações dos projectos de superfície de resposta

1.19 MEDIÇÃO DA FENDA DE CORTE NO MICROSCÓPIO DE FABRICANTES DE FERRAMENTAS

Estamos a utilizar o microscópio do fabricante de ferramentas para medir as variações de corte no aço inoxidável AISI 316.

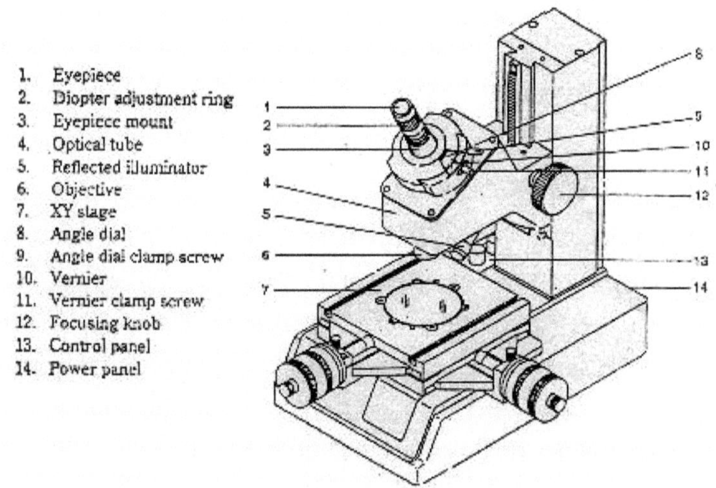

Fig. 7 Microscópio de ferramenteiros

24

A peça de trabalho (placa ss) é colocada na mesa do microscópio e a largura do corte é focada através do ajuste dos parafusos vernier e do anel de dioptrias. De seguida, a largura do corte é medida com o calibre de vernier. A contagem mínima do microscópio do fabricante de ferramentas é de 0,01 mm.

CAPÍTULO 2

2. <u>REVISÃO DA LITERATURA</u>

2.1 MODELAÇÃO INTELIGENTE DO CORTE A LASER DE CHAPAS FINAS

JORNAL: International Journal of Modeling and Optimization, Vol. 1, No. 2, junho 2011

Por: Arun Kumar Pandey e Avanish Kumar Dubey-2011

Sendo o corte a laser um processo de corte complexo, é necessário um modelo fiável para prever o desempenho do processo. Este trabalho de investigação apresenta um estudo de modelação do processo de corte a laser. Uma abordagem híbrida de Redes Neuronais Artificiais (RNA) e Lógica Difusa (LF), Neurofuzzy Adaptativo

Inference System (ANFIS) foi utilizado para desenvolver os modelos da largura do corte e da taxa de remoção de material (MRR). Os modelos desenvolvidos com base no ANFIS para a largura do corte e a taxa de remoção de material também foram comparados com os modelos de superfície de resposta

(RSM) e verificou-se que os valores da largura do corte e da taxa de remoção de material previstos pelos modelos baseados no ANFIS estão mais próximos dos valores experimentais.

2.2 O PAPEL DA NATUREZA DO GÁS DE ASSISTÊNCIA NO CORTE A LASER DE LIGAS DE ALUMÍNIO

JORNAL: Physics Procedia 12 (2011)

Por: Riveiro, F. Quintero, F.Lusquiños, R.Comesaña, J. Del Val, J. Pou - 2011

O corte a laser é um processo industrial padrão para o corte de chapas metálicas. O processo baseia-se na remoção do material fundido com a ajuda de um gás de assistência pressurizado. Entre as principais variáveis que controlam o processo, o tipo de gás de assistência é um fator essencial. Este gás é normalmente escolhido tendo em conta o material a ser processado e a qualidade de corte requerida. Enquanto o efeito da utilização de diferentes gases de assistência está perfeitamente estudado no corte de aços, a influência do tipo de gás de assistência durante o corte a laser de ligas de alumínio não está bem estudada. Este trabalho apresenta um estudo sobre a influência de diferentes gases de assistência (árgon, azoto, oxigénio e ar) na qualidade da aresta e na química da superfície durante o corte a laser de uma liga típica de Al-Cu.

2.3 ABORDAGENS PARA A PREVISÃO DA QUALIDADE DO CORTE A LASER UTILIZANDO UM SISTEMA PERICIAL FUZZY

JORNAL: Sistemas Peritos com Aplicações 38 (2011)

Por: Chong Zhian Syn, Mohzani Mokhtar, Chin Jeng Feng , Yupiter H.P. Manurung - 2011

No corte a laser, a qualidade da superfície e as características metalúrgicas do produto final são o que mais importa em termos de qualidade do corte a laser. Assim, foi efectuada uma tentativa de desenvolver um sistema pericial utilizando um modelo de lógica difusa para prever o efeito da qualidade do corte a laser de dióxido de carbono (CO_2) com base nos parâmetros de corte a laser em 1 mm de espessura da liga Incoloy 800. O modelo de previsão da lógica difusa é implementado na Fuzzy Logic Toolbox do MATLAB utilizando a técnica Mamdani. Um conjunto de treino e teste consiste em 125 dados utilizados no modelo de lógica difusa, organizados num formato de três parâmetros de entrada que abrangem a potência, a pressão do gás de assistência e a velocidade de corte, e dois parâmetros de saída que são a rugosidade da superfície e a inclusão de impurezas.

As relações entre os resultados experimentais, o modelo lógico difuso e os resultados estatísticos para o desempenho de treino e de teste apresentaram uma boa correlação. Com base nos resultados do estudo, conclui-se que o modelo lógico difuso proposto pode ser utilizado para prever a rugosidade da superfície

e a inclusão de impurezas no processo de corte a laser de dióxido
de carbono (CO2) para a liga Incoloy_ 800.

2.4 INVESTIGAÇÃO PARAMÉTRICA DO CORTE A LASER CO2 DA LIGA 2024-T3

JORNAL: Journal of Materials Processing Technology 210 (2010)

Por: Riveiro, F.Quintero, F.Lusqui nos, R.Comesa na, J.Pou - 2010

Foi determinada a influência dos parâmetros de processamento e as
condições óptimas para o corte a laser CO2 de uma liga de alumínio-
cobre (2024-T3). Os resultados são avaliados em termos de
produtividade (i.e. velocidade de corte) e qualidade de corte. Para
além disso, são discutidos os principais efeitos observados em cada
modo de processamento. A qualidade de corte superior é obtida
quando o processamento é efectuado em modo CW versus modo
pulsado. Os resultados obtidos permitem afirmar que, adoptando
as precauções necessárias para evitar retro-reflexões do feixe laser
e sob condições de processamento optimizadas (aqui identificadas),
podem ser efectuados cortes sólidos na liga de Al 2024-T3. Este
facto abre um novo tipo de materiais a serem cortados pelas
máquinas de corte laser de CO2 existentes.

CORTE DE FOLHAS DE ALUMINA SEM ESTRIAS COM LASER DPSS ND: YAG PULSADO DE 2,5 NANOSSEGUNDOS

Por- Yinzhou Yan, LinLi, KursadSezer, David Whitehead, LingfeiJi, YongBao, YijianJiang - 2009

No corte a laser, um importante fator de qualidade do corte a laser é a formação de estrias (linhas periódicas) nas superfícies de corte, o que afecta a rugosidade da superfície e a precisão da geometria dos produtos cortados a laser. A eliminação da estriação é importante para o corte a laser de alumina, uma vez que é necessária para padrões de circuitos mais densos e para a miniaturização de dispositivos. O presente estudo apoia uma das teorias existentes para o corte de materiais metálicos sem estrias por laser de onda contínua (CW) e alarga-a ao corte de materiais cerâmicos sem estrias por laser pulsado. Foi proposto um mecanismo de corte sem estrias por laser pulsado, através do qual foi desenvolvido um modelo para prever a janela de funcionamento do corte sem estrias por laser pulsado de nanossegundos de folhas de alumina.

2.6 CORTE A LASER DE MATERIAIS POLIMÉRICOS: UMA INVESTIGAÇÃO EXPERIMENTAL

JOURNAL: Optics & Laser Technology 42 (2010)

POR: I.A.CHOUDHURY, S.SHIRLEY -2009

As características de qualidade de saída examinadas foram a zona afetada pelo calor (HAZ), a rugosidade da superfície e a precisão dimensional. Foram efectuados doze conjuntos de ensaios para cada um dos polímeros, com base no desenho composto de centro. Foram desenvolvidos modelos de previsão através da metodologia de superfície de resposta (RSM). Foram apresentados modelos de resposta de primeira ordem para a ZTA e a rugosidade da superfície e a sua adequação foi testada por análise de variância (ANOVA). Foram gerados contornos de superfície de resposta da ZTA e da rugosidade da superfície. Foram apresentadas equações de modelos matemáticos que estimam a ZTA e a rugosidade da superfície para vários parâmetros de entrada do corte a laser. A precisão dimensional do corte a laser em polímeros foi examinada através do desvio dimensional do valor real em relação ao valor nominal. A partir da análise, observou-se que o PMMA tem menos ZTA, seguido do PC e do PP.

2.7 UMA INVESTIGAÇÃO DA QUALIDADE NO CORTE A LASER CO2 DE ALUMÍNIO

JORNAL: CIRP Journal of Manufacturing Science and Technology 2 (2009)

Por: Stournaras, P. Stavropoulos, K. Salonitis, G. Chryssolouris - 2009

As ligas de alumínio são amplamente utilizadas na indústria aeronáutica e, atualmente, têm-se tornado importantes também para a indústria automóvel. Este trabalho investiga experimentalmente a qualidade do corte a laser para a liga de alumínio AA5083, com a utilização de um sistema de corte a laser de CO2 pulsado de 1,8 kW. A qualidade do corte foi monitorizada através da medição da largura do corte, da rugosidade da aresta e do tamanho da zona termicamente afetada (ZTA). Este trabalho tem como objetivo avaliar os parâmetros de processamento, tais como a potência do laser, a velocidade de varrimento, a frequência de pulsação e a pressão do gás, para o corte a laser de ligas de alumínio. Uma análise estatística dos resultados foi realizada para que o efeito de cada parâmetro na qualidade do corte fosse determinado. A análise de regressão foi utilizada para o desenvolvimento de modelos empíricos capazes de descrever o efeito dos parâmetros do processo na qualidade do corte a laser.

2.8 CORTE A LASER DE FUROS EM CHAPAS GROSSAS DESENVOLVIMENTO DO CAMPO DE TENSÕES

JORNAL: Ótica e Lasers em Engenharia 47 (2009)

Por: B.S. Yilbas, A.F.M.Arif, e B.J.AbdulAleem - 2009

O corte a laser de um furo numa chapa metálica espessa de aço macio é investigado. Os campos de temperatura e tensão desenvolvidos em torno da secção de corte são simulados utilizando o método dos elementos finitos. É efectuada uma experiência com base nos parâmetros da simulação. A tensão residual desenvolvida na secção de corte é medida utilizando a técnica XRD e os resultados são comparados com as previsões. A microscopia ótica e o SEM são realizados para examinar as alterações morfológicas nas secções de corte. Verifica-se que a temperatura decai acentuadamente na região da fonte de calor do laser, o que resulta num elevado gradiente de temperatura nesta região. Isto provoca o desenvolvimento de elevados níveis de tensão em torno das arestas de corte. As tensões residuais previstas estão de acordo com os resultados medidos

CAPÍTULO 3

3. PROCEDIMENTO EXPERIMENTAL

3.1 FLUXOGRAMA DO PROCESSO :

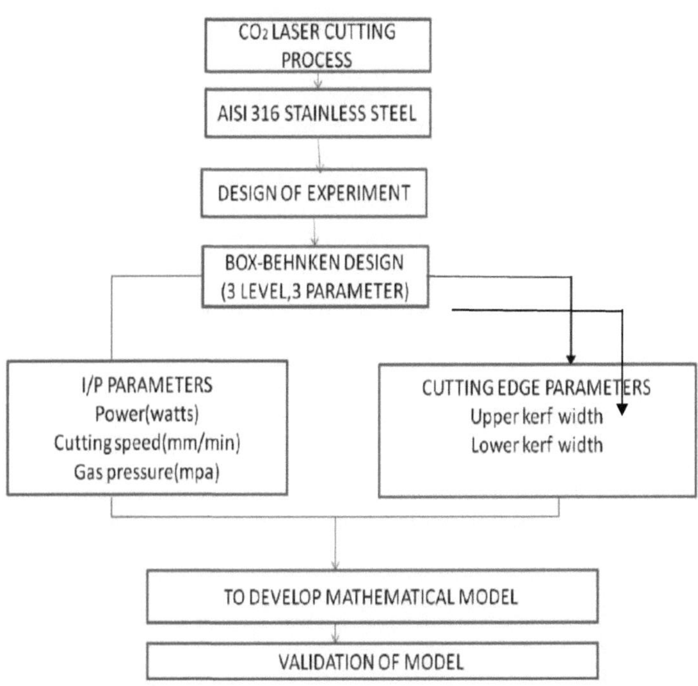

Fig. 8. Fluxograma do processo de trabalho

3.2 VARIÁVEIS DO PROCESSO E NÍVEIS DE CONCEPÇÃO EXPERIMENTAL

Parâmetro	Código	Unidade	-1	0	1
Potência laser	A	Watt	2500	3000	4500
Velocidade de corte	B	mm/min	3000	4000	5000
Pressão do gás	C	MPa	0.7	0.8	0.9

3.3 LEITURA EXPERIMENTAL (aço inoxidável de 1,6 mm)

SL.NO	PARAMETER			STRAIGHT LINE		CURVED LINE	
	POWER	CUTTING SPEED	GAS PRESSURE	TOP KERF	BOTTOM KERF	TOP KERF	BOTTOM KERF
1	2000	4500	0.9	0.62	0.34	0.56	0.31
2	3000	4500	0.8	0.6	0.46	0.64	0.55
3	3000	3500	0.9	0.57	0.38	0.71	0.45
4	3000	5500	0.9	0.56	0.37	0.63	0.38
5	4000	4500	0.9	0.59	0.46	0.75	0.5
6	3000	5500	0.7	0.48	0.36	0.49	0.42
7	3000	3500	0.7	0.52	0.43	0.56	0.52
8	2000	5500	0.8	0.52	0.36	0.49	0.38
9	4000	5500	0.8	0.59	0.39	0.8	0.46
10	3000	4500	0.8	0.55	0.31	0.57	0.41
11	2000	4500	0.7	0.62	0.32	0.68	0.49
12	3000	4500	0.8	0.61	0.33	0.62	0.42
13	3000	4500	0.8	0.55	0.36	0.66	0.42
14	2000	3500	0.8	0.55	0.47	0.66	0.48
15	4000	3500	0.8	0.55	0.45	0.66	0.49
16	4000	4500	0.7	0.56	0.53	0.65	0.52
17	3000	4500	0.8	0.56	0.38	0.65	0.48

4. <u>RESULTADOS E DISCUSSÃO</u>

4.1. CORTE SUPERIOR PARA LINHA RECTA

	ANOVA for Response Surface Quadratic Model				
	Analysis of variance table [Partial sum of squares - Type III]				
Source	Sum of square	df	Mean square	F Value	p-value Prob > F
Model	0.014603529	9	0.001622614	1.381788401	0.3425
A-POWER	0.00005	1	0.00005	0.042579075	0.8424
B-CUTTING SPEED	0.0002	1	0.0002	0.170316302	0.6922
C-GAS PRESSURE	0.0032	1	0.0032	2.725060827	0.1428
AB	0.001225	1	0.001225	1.043187348	0.3411
AC	0.000225	1	0.000225	0.191605839	0.6748
BC	0.000225	1	0.000225	0.191605839	0.6748
A^2	0.001991842	1	0.001991842	1.696215905	0.2340
B^2	0.007876053	1	0.007876053	6.707100781	0.0360
C^2	1.28947E-05	1	1.28947E-05	0.010980919	0.9195
Residual	0.00822	7	0.001174286		
Lack of Fit	0.0049	3	0.001633333	1.967871486	0.2609
Pure Error	0.00332	4	0.00083		
Cor Total	0.022823529	16			

O valor "Model F-value" de 1,38 implica que o modelo não é significativo em relação ao ruído. Há 34,25 % de hipóteses de que um "Valor F do modelo" tão grande possa ocorrer devido ao ruído.Valores de "Prob > F" inferiores a 0,0500 indicam que os termos do modelo são significativos. Neste caso, B^2 são termos de modelo significativos. Valores maiores que 0,1000 indicam que os termos do modelo não são significativos. Se houver muitos termos de modelo insignificantes (sem contar os necessários para suportar a hierarquia), a redução do modelo pode melhorar seu modelo. O valor "F de falta de ajuste" de 1,97 implica que a falta de ajuste não é significativa em relação ao erro puro.

Existe uma probabilidade de 26,09% de que um "valor F de falta de ajuste" tão grande possa ocorrer devido a ruído. A falta de ajuste não significativa é boa - queremos que o modelo se ajuste.

4.1.1. VELOCIDADE DE CORTE vs POTÊNCIA

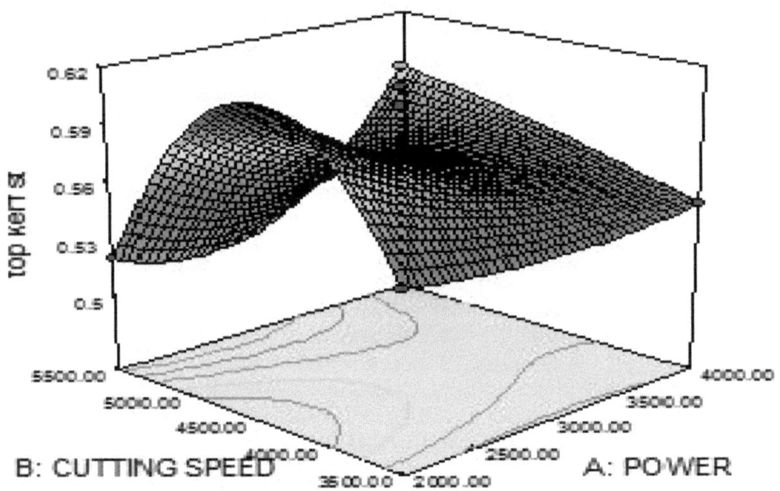

Este gráfico representa

1. Quando a potência é de 2000 e a velocidade de corte é de 3500, a linha reta do corte superior é de 0,51.
2. Quando a potência é de 2000 e a velocidade de corte é de 5500, a linha reta do corte superior é de 0,52.
3. Quando a potência é de 4000 e a velocidade de corte é de 3500, a linha reta do corte superior é de 0,55.

36

4.1.2. PRESSÃO DO GÁS vs POTÊNCIA

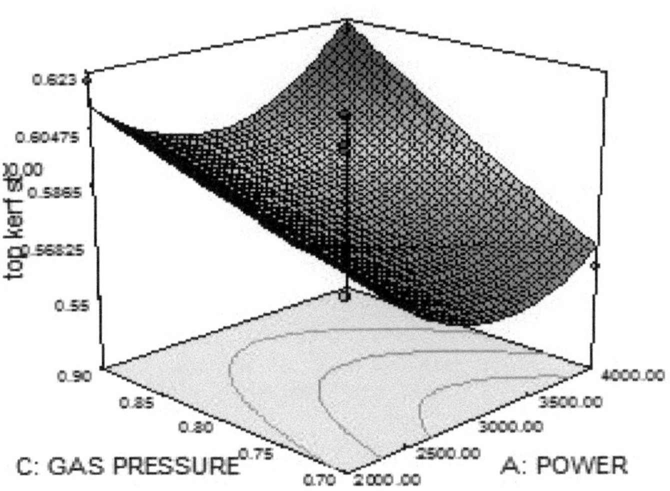

Este gráfico representa

> Quando a potência é de 4000 e a pressão do gás é de 0,70, a linha reta do corte superior é de 0,56.

> Quando a potência é de 2000 e a pressão do gás é de 0,70, a linha reta do corte superior é > 0,623.

> Quando a potência é de 2000 e a pressão do gás é de 0,90, a linha reta do corte superior é > 0,613.

4.1.3. PRESSÃO DO GÁS vs VELOCIDADE DE CORTE

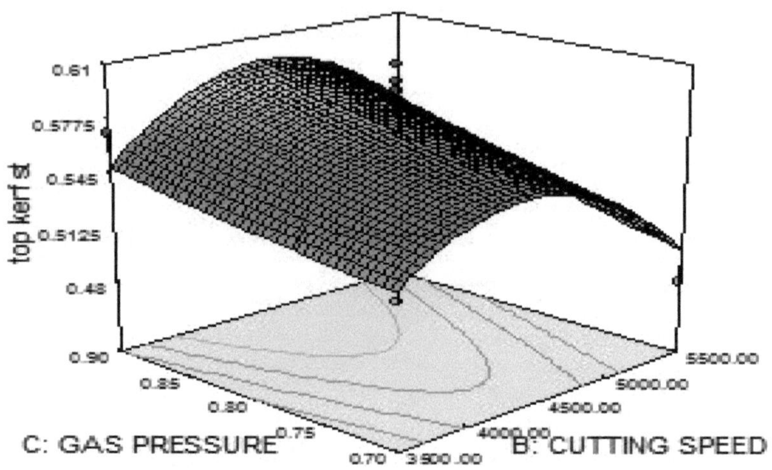

Este gráfico representa

- Quando a velocidade de corte é de 5500 e a pressão do gás é de 0,70, a linha reta do corte superior é de 0,501.
- Quando a velocidade de corte é de 3500 e a pressão do gás é de 0,70, a linha reta do corte superior é de 0,49.
- Quando a velocidade de corte é de 3500 e a pressão do gás é de 0,90, a linha reta do corte superior é de 0,55.

EQUAÇÃO OBTIDA

Fio de corte superior =+0,56219-2,71750E-004 * POTÊNCIA+2,71750E-004 * VELOCIDADE DE CORTE-0,64250 * PRESSÃO DO GÁS+1,75000E-008 * POTÊNCIA * VELOCIDADE DE CORTE +7.50000E-005 * POTÊNCIA * PRESSÃO DO GÁS+7.50000E-005 * VELOCIDADE DE CORTE * PRESSÃO DO GÁS+2.17500E-008 * POTÊNCIA2-4.32500E-008 * VELOCIDADE DE CORTE 2+0.17500 * PRESSÃO DO GÁS2

4.2. CORTE INFERIOR PARA LINHA RECTA

ANOVA for Response Surface Quadratic Model					
Analysis of variance table [Partial sum of squares - Type III]					
source	Sum of square	df	Mean square	F value	p-value Prob > F
Model	0.034106765	9	0.003789641	0.971524763	0.5277
A-POWER	0.01445	1	0.01445	3.704449734	0.0957
B-CUTTING SPEED	0.0078125	1	0.0078125	2.002838308	0.1999
C-GAS PRESSURE	0.0010125	1	0.0010125	0.259567845	0.6261
AB	0.000625	1	0.000625	0.160227065	0.7009
AC	0.002025	1	0.002025	0.519135689	0.4946
BC	0.0009	1	0.0009	0.230726973	0.6456
A^2	0.006241053	1	0.006241053	1.599976869	0.2464
B^2	0.000509474	1	0.000509474	0.130610357	0.7285
C^2	0.000151579	1	0.000151579	0.03885928	0.8493
Residual	0.027305	7	0.003900714		
Lack of Fit	0.013825	3	0.004608333	1.367457962	0.3729
Pure Error	0.01348	4	0.00337		
Cor Total	0.061411765	16			

O valor "Model F-value" de 0,97 implica que o modelo não é significativo em relação ao ruído. Existe uma probabilidade de 52,77% de que um "Valor F do modelo" tão grande possa ocorrer devido ao ruído.Valores de "Prob > F" inferiores a 0,0500 indicam que os termos do modelo são significativos.

Neste caso, não há termos de modelo significativos. Valores maiores que 0,1000 indicam que os termos do modelo não são significativos. Se houver muitos termos de modelo insignificantes (sem contar aqueles necessários para suportar a hierarquia), a redução do modelo pode melhorar seu modelo. O valor "F de falta de ajuste" de 1,37 implica que a falta de ajuste não é significativa em relação ao erro puro. Existe uma probabilidade de 37,29% de que um "valor F de falta de ajuste" tão grande possa ocorrer devido a ruído. A falta de ajuste não significativa é boa, pois queremos que o modelo se ajuste.

4.2.1. VELOCIDADE DE CORTE vs POTÊNCIA

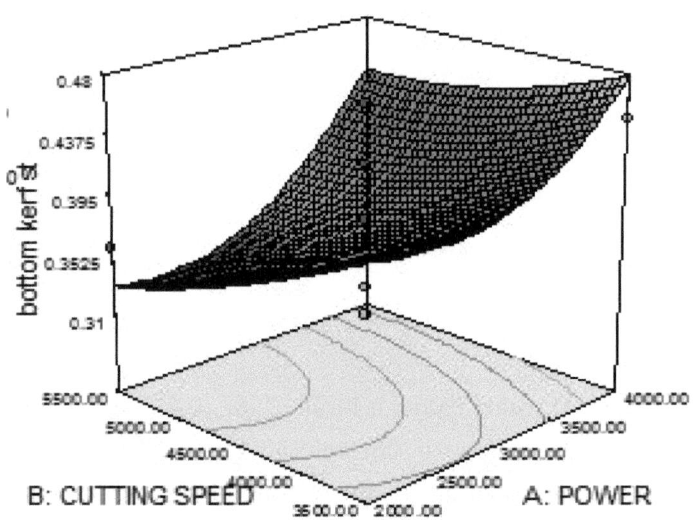

Este gráfico representa;

> Quando a potência é de 2000 e a velocidade de corte é de 3500, a linha reta do corte inferior é de 0,36.
> Quando a potência é de 2000 e a velocidade de corte é de 5500, a linha reta do corte inferior é de 0,33.
> Quando a potência é de 4000 e a velocidade de corte é de 3500, a linha reta do corte inferior é de 0,48.

4.2.2. PRESSÃO DO GÁS vs POTÊNCIA

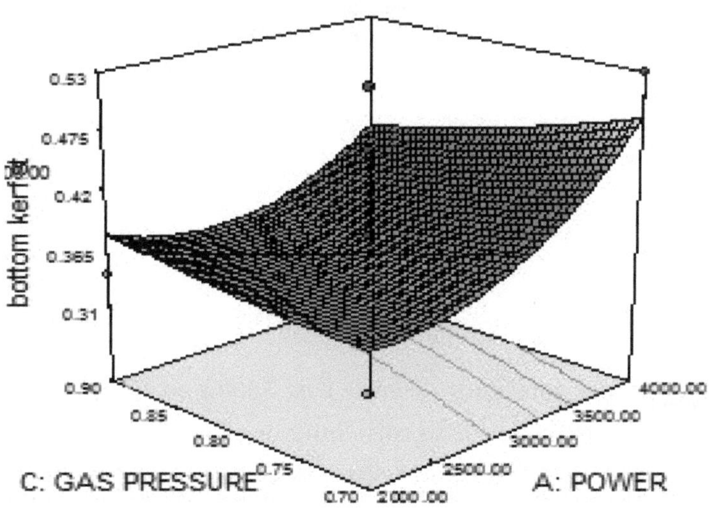

Este gráfico representa;

> Quando a potência é de 4000 e a pressão do gás é de 0,70, a linha reta do corte inferior é de 0,475.

> Quando a potência é de 2000 e a pressão do gás é de 0,70, a
linha reta do corte inferior é de 0,31.
> Quando a potência é de 2000 e a pressão do gás é de 0,90, a
linha reta do corte superior é de 0,371.

4.2.3. PRESSÃO DO GÁS vs VELOCIDADE DE CORTE

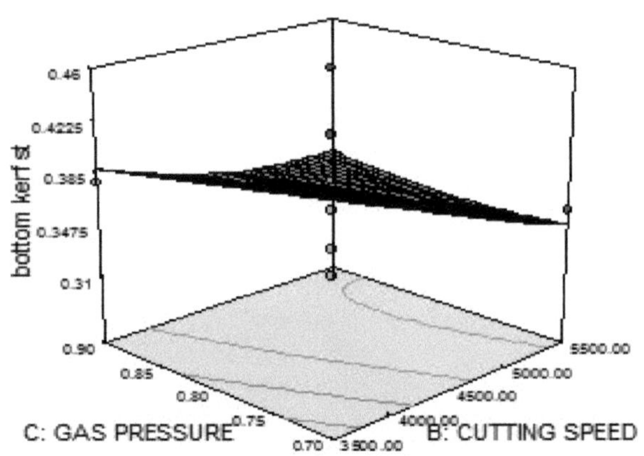

Este gráfico representa;

> Quando a velocidade de corte é de 5500 e a pressão do gás é
de 0,70, a linha reta do corte inferior é de 0,351.
> Quando a velocidade de corte é de 3500 e a pressão do gás é
de 0,70, a linha reta do corte inferior é de 0,37.
> Quando a velocidade de corte é de 3500 e a pressão do gás é
de 0,90, a linha reta do corte inferior é de 0,39.

EQUAÇÃO OBTIDA

fenda inferior st=+1.59313-6.47500E-005 * POTÊNCIA-2.87750E-004 * VELOCIDADE DE CORTE-1.07250 * PRESSÃO DO GÁS+1.25000E-008 * POTÊNCIA * VELOCIDADE DE CORTE -2.25000E-004 * POTÊNCIA * PRESSÃO DO GÁS+1.50000E-004 * VELOCIDADE DE CORTE * PRESSÃO DO GÁS +3.85000E-008 * $POTÊNCIA^2$+1.10000E-008 * VELOCIDADE DE CORTE ^{2}+0.60000 * PRESSÃO DO $GÁS^2$

4.3. CURVA SUPERIOR

ANOVA for Response Surface Reduced Cubic Model					
Analysis of variance table [Partial sum of squares - Type III]					
source	Sum of square	df	Mean square	F value	p-value Prob > F
Model	0.103131765	12	0.008594314	6.767176162	0.0395
A-POWER	0.0064	1	0.0064	5.039370079	0.0881
B-CUTTING SPEED	0.005625	1	0.005625	4.429133858	0.1031
C-GAS PRESSURE	0.021025	1	0.021025	16.55511811	0.0152
AB	0.024025	1	0.024025	18.91732283	0.0122
AC	0.0121	1	0.0121	9.527559055	0.0367
BC	2.5E-05	1	2.5E-05	0.019685039	0.8952
A^2	0.007967368	1	0.007967368	6.273518442	0.0664
B^2	0.00152	1	0.00152	1.196850394	0.3354
C^2	0.000556842	1	0.000556842	0.438458351	0.5441
A^2B	0.0018	1	0.0018	1.417322835	0.2997
A^2C	0.0120125	1	0.0120125	9.458661417	0.0371
AB^2	0.0028125	1	0.0028125	2.214566929	0.2109
Pure Error	0.00508	4	0.00127		
Cor Total	0.108211765	16			

O valor F do modelo de 6,77 implica que o modelo é significativo. Existe apenas uma probabilidade de 3,95% de que um "Valor F do modelo" tão grande possa ocorrer devido a ruído. Valores de "Prob > F" inferiores a 0,0500 indicam que os termos do modelo são significativos. Neste caso, C, AB, AC, A^2C são termos de modelo significativos. Valores superiores a 0,1000 indicam que os termos do modelo não são significativos. Se existirem muitos termos do modelo insignificantes (sem contar com os necessários para suportar a hierarquia), a redução do modelo pode melhorar o seu modelo.

4.3.1. VELOCIDADE DE CORTE vs POTÊNCIA

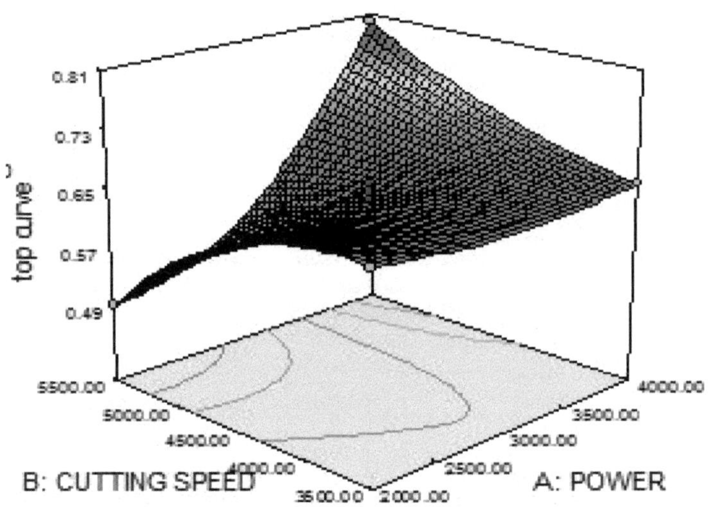

Este gráfico representa;

> Quando a potência é de 2000 e a velocidade de corte é de 3500, a curva superior é de 0,56.
> Quando a potência é de 2000 e a velocidade de corte é de 5500, a curva superior é de 0,51.
> Quando a potência é de 4000 e a velocidade de corte é de 3500, a curva superior é de 0,65.

4.3.2. PRESSÃO DO GÁS vs POTÊNCIA

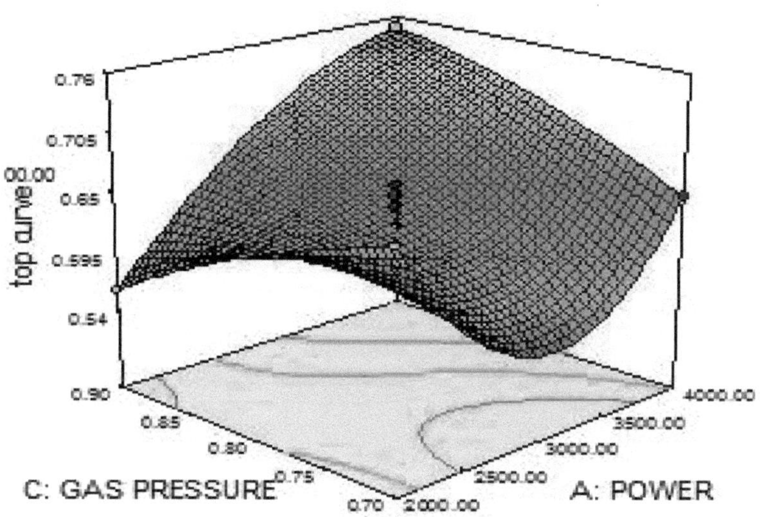

Este gráfico representa;

> Quando a potência é de 4000 e a pressão do gás é de 0,70, a curva superior é de 0,65.

> Quando a potência é de 2000 e a pressão do gás é de 0,70, a curva superior é de 0,54.

> Quando a potência é 2000 e a pressão do gás é 0,90, a curva superior é 0,371.

4.3.3. PRESSÃO DO GÁS vs VELOCIDADE DE CORTE

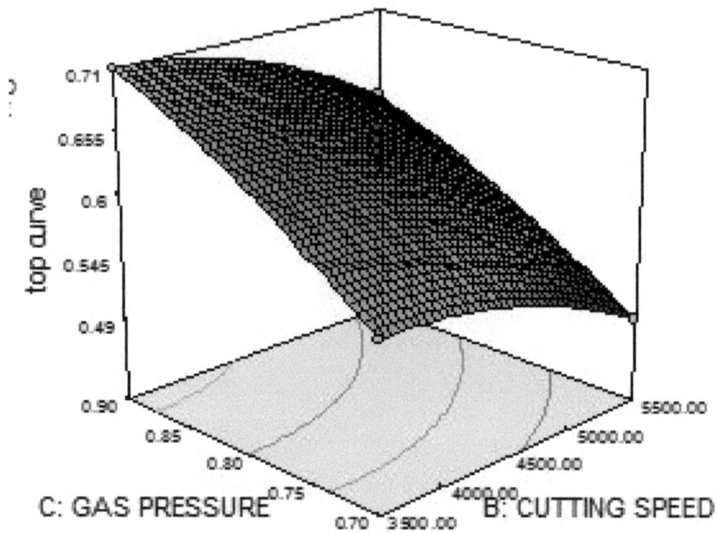

Este gráfico representa;

> Quando a velocidade de corte é de 5500 e a pressão do gás é de 0,70, a curva superior é de 0,48.

> Quando a velocidade de corte é de 3500 e a pressão do gás é de 0,70, a curva superior é de 0,49.

> Quando a velocidade de corte é de 3500 e a pressão do gás é de 0,90, a curva superior é de 0,71.

EQUAÇÃO OBTIDA

Curva superior=+3.73063-3.16038E-003 * POTÊNCIA+1.20350E-003 * VELOCIDADE DE CORTE -5.94750 * PRESSÃO DO GÁS-4.40000E-007 * POTÊNCIA * VELOCIDADE DE CORTE +5.20000E-003 * POTÊNCIA * PRESSÃO DO GÁS-2.50000E-005* VELOCIDADE

46

DE CORTE * PRESSÃO DO GÁS+5.28500E-007 $*$

POTÊNCIA2-1.31500E-007 * VELOCIDADE DE CORTE 2-1.15000*

PRESSÃO DO GÁS2+3.00000E-011 * POTÊNCIA2 *

VELOCIDADE DE CORTE -7.75000E-007 * POTÊNCIA2 * PRESSÃO

DO GÁS+3.75000E-011 * POTÊNCIA * VELOCIDADE DE CORTE 2

4.4. CURVA INFERIOR

ANOVA for Response Surface Reduced Cubic Model					
Analysis of variance table [Partial sum of squares - Type III]					
Source	Sum of Square	df	Mean Square	F value	p-value Prob > F
Model	0.046927059	12	0.003910588	1.107815364	0.5073
A-POWER	0.0121	1	0.0121	3.42776204	0.1378
B-CUTTING SPEED	0.007225	1	0.007225	2.04674221	0.2258
C-GAS PRESSURE	0.003025	1	0.003025	0.85694051	0.4070
AB	0.001225	1	0.001225	0.347025496	0.5875
AC	0.0064	1	0.0064	1.813031161	0.2494
BC	0.000225	1	0.000225	0.063739377	0.8131
A^2	8.52632E-05	1	8.52632E-05	0.024153869	0.8840
B^2	0.000269474	1	0.000269474	0.076338154	0.7960
C^2	0.000127368	1	0.000127368	0.036081706	0.8586
A^2B	0.0002	1	0.0002	0.056657224	0.8236
A^2C	0.0010125	1	0.0010125	0.286827195	0.6207
AB^2	0.0021125	1	0.0021125	0.598441926	0.4823
Pure Error	0.01412	4	0.00353		
Cor Total	0.061047059	16			

O valor "Model F-value" de 1,11 implica que o modelo não é significativo relativamente ao ruído. Existe uma probabilidade de 50,73 % de que um "Valor F do modelo" tão grande possa ocorrer devido ao ruído. Valores de "Prob > F" inferiores a 0,0500 indicam que os termos do modelo são significativos. Neste caso, não há termos de modelo significativos. Valores maiores que 0,1000 indicam que os termos do modelo não são significativos.

Se existirem muitos termos de modelo insignificantes (sem contar com os necessários para suportar a hierarquia), a redução do modelo pode melhorar o seu modelo.

4.4.1. VELOCIDADE DE CORTE vs POTÊNCIA

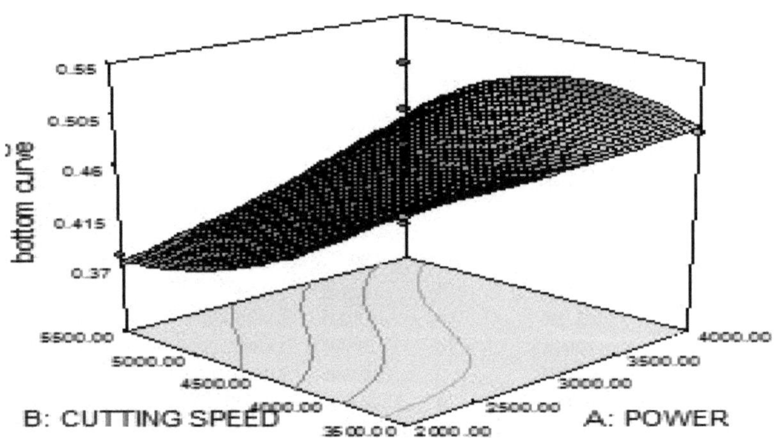

Este gráfico representa

> Quando a potência é de 2000 e a velocidade de corte é de 3500, a curva inferior é de 0,415.

> Quando a potência é de 2000 e a velocidade de corte é de 5500, a curva inferior é de 0,38.

> Quando a potência é de 4000 e a velocidade de corte é de 3500, a curva inferior é de 0,46

48

4.4.2. PRESSÃO DO GÁS vs POTÊNCIA

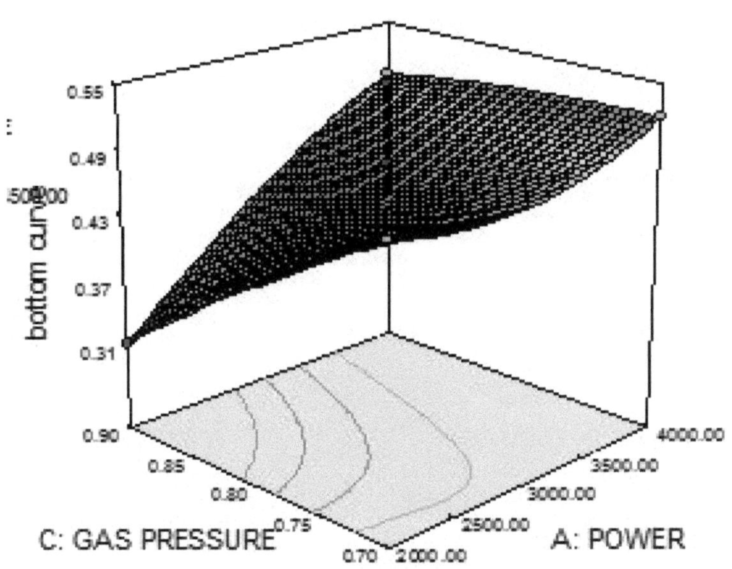

Este gráfico representa;

> Quando a potência é 4000 e a pressão do gás é 0,70, a curva inferior é 0,53.

> Quando a potência é de 2000 e a pressão do gás é de 0,70, a curva inferior é de 0,39.

> Quando a potência é de 2000 e a pressão do gás é de 0,90, a curva inferior é de 0,32.

4.4.3. PRESSÃO DO GÁS vs VELOCIDADE DE CORTE

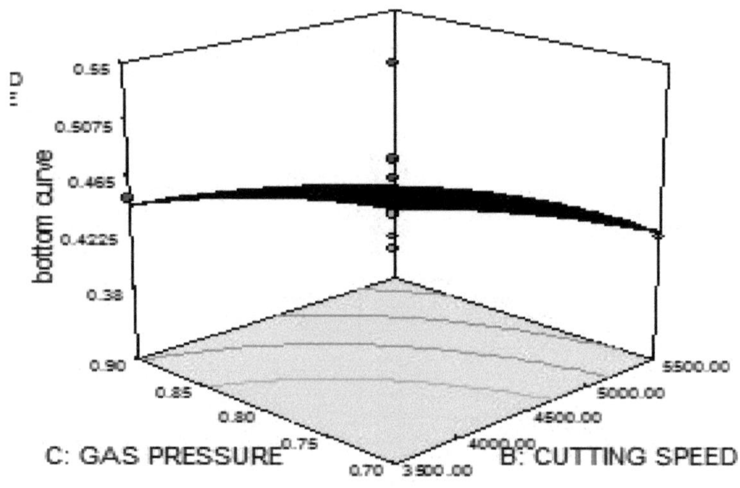

Este gráfico representa;

> Quando a velocidade de corte é de 5500 e a pressão do gás é de 0,70, a curva inferior é de 0,43.
> Quando a velocidade de corte é de 3500 e a pressão do gás é de 0,70, a curva inferior é de 0,44.
> Quando a velocidade de corte é de 3500 e a pressão do gás é de 0,90, a curva inferior é de 0,45.

EQUAÇÃO OBTIDA:

Curva inferior =+4.88437-1.83887E-003 * POTÊNCIA-8.70500E-004* VELOCIDADE DE CORTE-2.95750 * PRESSÃO DO GÁS+2.50000E-007 * POTÊNCIA * VELOCIDADE DE CORTE

50

+1.75000E-003 * POTÊNCIA * PRESSÃO DO GÁS+7.50000E-005 * VELOCIDADE DE CORTE * PRESSÃO DO GÁS+1.39500E-007 * POTÊNCIA2+8.95000E-008 * VELOCIDADE DE CORTE ^{2}-0.55000 * PRESSÃO DO GÁS2+0.000000 * POTÊNCIA2 * VELOCIDADE DE CORTE-2.25000E-007 * POTÊNCIA2 * PRESSÃO DO GÁS-3.25000E-011 * POTÊNCIA * VELOCIDADE DE CORTE

CAPÍTULO 5

5. AVALIAÇÃO DO DESEMPENHO DOS MODELOS

5.1 VALOR DOS MODELOS PARA PERFIL RECTO

Execução experimental	Largura do topo do rolo Valor experimental Reta	Largura do topo do friso Valor do modelo Reto	% de desvio	Largura do corte inferior Valor experimental reta	Largura do corte inferior Valor do modelo reto	% de desvio
1	0.62	0.6125025	1.209274194	0.34	0.381255	-12.133824
2	0.6	0.5740025	4.332916667	0.46	0.368005	19.998913
3	0.57	0.5500025	3.508333333	0.38	0.390005	-2.6328947
4	0.56	0.5550025	0.892410714	0.37	0.357505	3.37702703
5	0.59	0.6225025	-5.50889831	0.46	0.421255	8.42282609

6	0.48	0.5000025	-4.1671875	0.36	0.350005	2.77638889
7	0.52	0.5250025	-0.96201923	0.43	0.442505	-2.9081395
8	0.52	0.5325025	-2.40432692	0.36	0.331255	7.98472222
9	0.59	0.5625025	4.66059322	0.39	0.441255	-13.142308
10	0.55	0.5740025	-4.36409091	0.31	0.368005	-18.71129
11	0.62	0.5875025	5.241532258	0.32	0.358755	-12.110938
12	0.61	0.5740025	5.901229508	0.33	0.368005	-11.516667
13	0.55	0.5740025	-4.36409091	0.36	0.368005	-2.2236111
14	0.55	0.5775025	-5.00045455	0.47	0.418755	10.9031915
15	0.55	0.5375025	2.272272727	0.45	0.478755	-6.39
16	0.56	0.5675025	-1.33973214	0.53	0.488755	7.78207547
17	0.56	0.5740025	-2.50044643	0.38	0.368005	3.15657895
	Valor médio		-0.15251084			-1.021644

A partir da tabela, observamos que os valores experimentais estão próximos dos valores do modelo. A percentagem de desvio está dentro dos limites. Assim, o valor do modelo é adequado.

5.2 VALOR DOS MODELOS PARA PERFIL CURVO:

Execução experimental	Top Kerf Width Curva de valores experimentais	Curva de valor do modelo Top Kerf Width	% de desvio	Largura do corte inferior Curva de valores experimentais	Curva de valor do modelo da largura do corte inferior	% de desvio
1	0.56	0.559995	0.0008929	0.31	0.310005	-0.0016129
2	0.64	0.62799	1.8765625	0.55	0.45601	17.08909091
3	0.71	0.70999	0.0014085	0.45	0.44501	1.108888889
4	0.63	0.62999	0.0015873	0.38	0.38501	-1.31842105

5	0.75	0.749985	0.002	0.5	0.500015	-0.003
6	0.49	0.48999	0.0020408	0.42	0.42501	-1.19285714
7	0.56	0.55999	0.0017857	0.52	0.51501	0.959615385
8	0.49	0.489995	0.0010204	0.38	0.375005	1.314473684
9	0.8	0.799985	0.001875	0.46	0.455015	1.083695652
10	0.57	0.62799	-10.17368	0.41	0.45601	-11.2219512
11	0.68	0.679995	0.0007353	0.49	0.490005	-0.00102041
12	0.62	0.62799	-1.28871	0.42	0.45601	-8.57380952
13	0.66	0.62799	4.85	0.42	0.45601	-8.57380952
14	0.66	0.659995	0.0007576	0.48	0.485005	-1.04270833
15	0.66	0.659985	0.0022727	0.49	0.495015	-1.02346939
16	0.65	0.649985	0.0023077	0.52	0.520015	-0.00288462

17	0.65	0.62799	3.3861538	0.48	0.45601	4.997916667
	Valor médio	-0.078294				-0.37658017

A partir da tabela, observamos que os valores experimentais estão próximos dos valores do modelo. A percentagem de desvio está dentro dos limites. Portanto, o valor do modelo é adequado.

6. <u>GRÁFICO PARA EXPERIMENTAL VS MODELO</u>

6.1 VALOR EXPERIMENTAL DA RECTA DA LARGURA DO CORTE SUPERIOR VS VALOR DO MODELO:

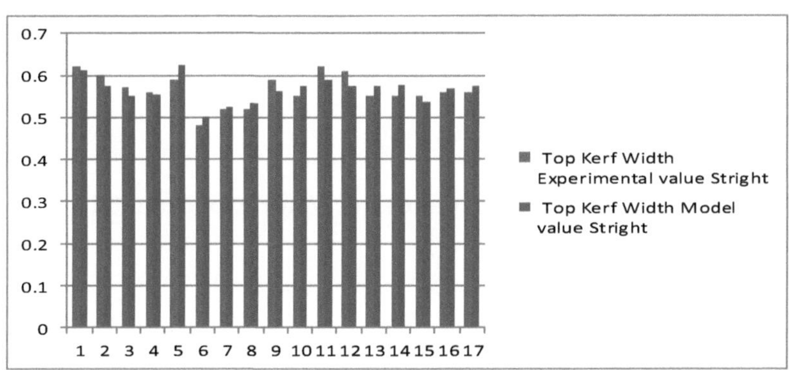

6.2 LARGURA DO CORTE INFERIOR RECTO VALOR EXPERIMENTAL VS VALOR DO MODELO RECTO:

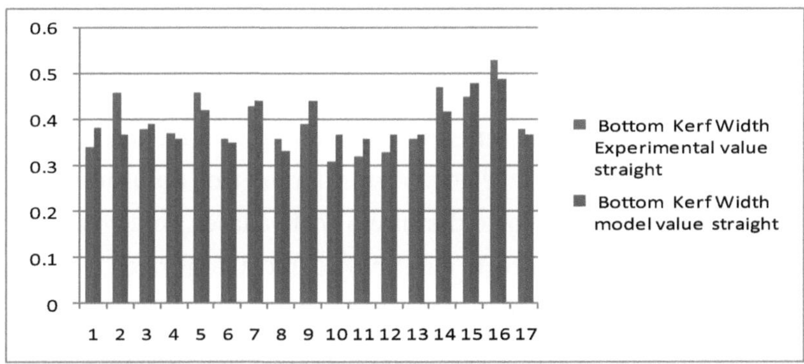

6.3 Curva da largura do topo do coxim Valor experimental Vs valor do modelo

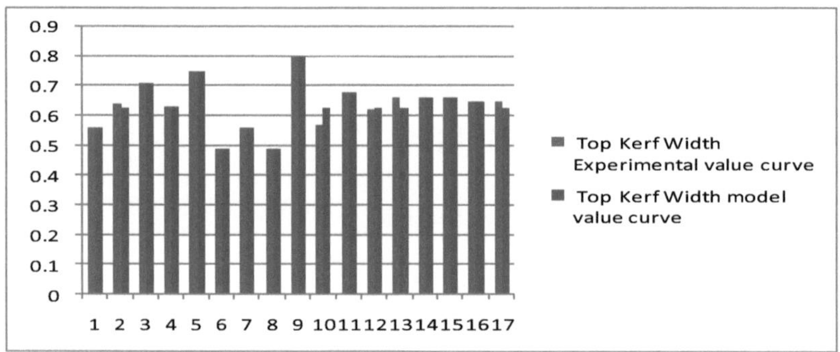

6.4 Curva da largura do corte inferior Valor experimental Vs valor do modelo

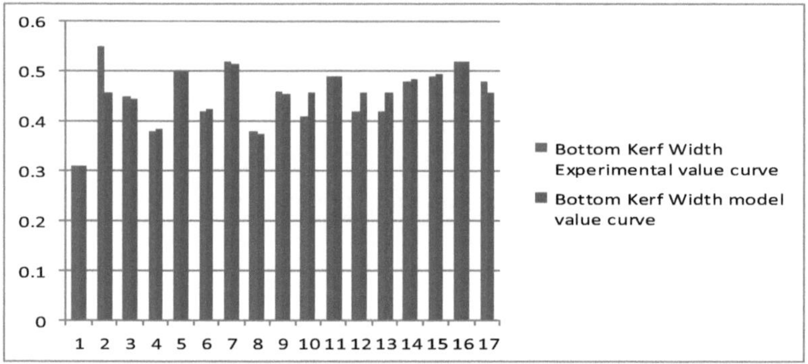

A largura do corte tem um papel importante na obtenção da qualidade de corte desejada. Vários parâmetros do processo afectam a largura do corte durante o corte a laser, removendo o material e a largura do corte é definida como a largura da ranhura de corte do material. A variação da potência do laser, da velocidade de corte e da pressão do gás permite-nos obter os valores abaixo indicados. Após a realização da experiência, é possível verificar que, com uma potência laser elevada de 4000 watts, uma pressão de gás média de 0,9 bar e uma velocidade de corte que diminui até 4500 mm/seg, obtém-se uma largura de corte mínima.

CAPÍTULO - 7

7. CONCLUSÃO

A técnica RSM foi utilizada para estudar os efeitos dos parâmetros do processo no corte a laser. Os resultados da técnica RSM mostram que a largura da fenda superior, a largura da fenda inferior, a conicidade e a relação da fenda são principalmente afectadas pela pressão do gás, pela potência do laser, pela posição focal e pela velocidade de corte. A pressão do gás e a velocidade de corte exercem um efeito simultâneo nas dimensões do corte.

Consequentemente, a potência do laser e a posição focal exercem menos efeito nas dimensões do corte do que a pressão do gás e a velocidade de corte. Para obter dimensões mínimas de corte, é necessária uma velocidade de corte e uma pressão de gás moderadas.

Estes modelos podem ser utilizados de forma satisfatória para a previsão da largura do corte superior e da largura do corte inferior no corte a laser de chapas de aço finas para perfis curvos.

Este modelo de superfície de resposta de segunda ordem pode reduzir o custo e o tempo de experimentação nas indústrias transformadoras. Esta metodologia proposta pode ser utilizada para prever os outros valores de resposta na operação de corte a laser CO_2 e noutras operações de maquinagem não tradicionais.

<u>REFERÊNCIA</u>

1. Abdul Ghany, K & Newishy, M 2005, 'Cutting of 1.2mm thick austenitic stainless steel sheet using pulsed and CW Nd: YAG Laser', Journal of Materials Processing Technology, vol 168, pp 438-447.

2. Alpesh M. Patel & Vishal Achwal 2013, 'Optimization Of Parameters For Wedm Machine For Productivity Improvement', IOSR Journal of Mechanical and Civil Engineering (IOSR-JMCE), Vol 9, pp 10-14.

3. Amit Sharma & Vinod Yadava 2012, 'Modelação e otimização da qualidade de corte durante o corte a laser Nd: YAG pulsado de chapas finas de liga de Al para perfil reto', Optics& laser Technology, vol.44, pp.159-168.

4. Anoop Mathew Kurian, Dr. Binu C,Yeldose & Ernest Markose Mathew 2014, 'Effect of Wire EDM Parameters on Surface Roughness of Stainless Steel 15-5 PH International', Journal of Engineering and Innovative Technology (IJEIT) ,Vol 4, No 2, pp 87-90.

5. Araujo, D Carpio, FJ Mendez, D Garcia, AJ Villar, MP Garcia, R Jimenez, D & Rubio, L 2003, 'Microstructural study of CO2 laser machined heat affected zone of 2024 aluminum alloy', Applied Surface Science, vol 208-209, pp 210-217.

6. Arif, AFM, Yilbas, BS & AbdulAleem, BJ 2009, ' Laser cutting of thick sheet metals: Residual stress analysis", Optics & Laser Technology, vol 41, pp 224-232.

7. Arunkumar Pandey & Avanish Kumar Dubey 2012, 'Taguchi Based Fuzzy logic optimization of multiple quality characteristics in laser cutting of Duralumin Sheet', Optics and Lasers in Engineering, Vol 50, pp 328-335.

8. Arun kumar pandey & Avanish kumar Dubey, 2011 'Intelligent Modeling of laser cutting of thin sheet', International Journal of Modeling and optimization, Vol 1, no.2, pp 107-112.

9. Avanish Kumar Dubey & Vinod Yadava, 2008, 'Robust parameter design and multi-objective optimization of laser beam cutting for aluminum alloy sheet'. Jornal Internacional de Fabrico e Tecnologia Avançados, Vol 38, pp 268-277.

10. Avanish Kumar Dubey & Vinod Yadava, 2008, 'Laser beam machining-A review', International Journal of Machine Tools & Manufacture, vol 48, pp 609-628.

11. Avanish kumar Dubey & Vinod Yadava 2008, 'Multi-objective optimization of Nd: YAG laser cutting of nickel based super alloy sheet using orthogonal array with principal component analysis', Optics and lasers in Engineering, Vol 46, pp 124-132.

12. Avanish kumar Dubey & Vinod Yadava 2008, 'Multi-objective optimisation of Laser beam cutting process', Optics& Laser Technology, Vol 40, 562-570.

13. Amit Sharma, VinodYadava (2011) "Modelação e otimização da qualidade de corte durante o corte a laser Nd:YAG pulsado de chapas finas de liga de Al para perfil reto", Uttar Pradesh, "Journal of optics and laser technology", pp (159-168).

14. Arun Kumar Pandey, Avanish Kumar Dubey (2012) "Taguchi based fuzzy logic optimization of multiple quality characteristics in laser cutting of Duralumin sheet", Uttar Pradesh, "Optics and Lasers in Engineering" Vol-50, pp(328-335).

15. Avanish Kumar Dubey, VinodYadava (2008) "Multi-objective optimisation of laser beam cutting process", Uttar Pradesh, Optics & Laser Technology, vol-40, (2008), pp(562-570).

16. K.C.P. Lum, S.L. Ng, I. Black (2000) "CO2 laser cutting of MDF Determination of process parameter settings", Optics & Laser Technologyvol- 32 (2000), pp(67-76)

17. B.S. Yilbas (2008) "Laser cutting of thick sheet metals: Effects of cutting parameters on kerf size variations", journal of materials processing technology, vol-201 (2008), pp(285-290).

18. K. Abdel Ghany, M. Newishy (2005) "Cutting of 1.2mm thick austenitic stainless steel sheet using pulsed and CW Nd:YAG laser", Journal of Materials Processing Technology, vol-168 (2005), pp(438-447).

19. Shang-Liang Chen (1999) "The effects of high-pressure assistant-gas flow on high-power CO2 laser cutting", Journal of Materials Processing Technology, vol- 88 (1999), pp (57-66).

20. J. Wang (2000) "An Experimental Analysis and Optimization of the CO2 Laser Cutting Process for Metallic Coated Sheet Steels", Int J Adv Manuf Technol (2000), vol-16:(334-340).

21. N. Rajaram, J. Sheikh-Ahmad *, S.H. Cheraghi "CO2 laser cut quality of 4130 steel", International Journal of Machine Tools & Manufacture, vol-43 (2003), pp(351-358).

22. F. Caiazzo, F. Curcio, G. Daurelio, F. Memola Capece Minutolo "Laser cutting of different polymeric plastics (PE, PP and PC) by a CO2 laser beam", Journal of Materials Processing Technology, vol-159 (2005), pp(279-285).

Printed by Books on Demand GmbH, Norderstedt / Germany